DEFINICIÓN, IMPORTANCIA Y USO CLÍNICO DEL ÍNDICE Y LA CARGA GLUCÉMICA PARA ALUMNOS/AS DE CICLO SUPERIOR DE FORMACIÓN PROFESIONAL EN NUTRICIÓN Y DIETÉTICA

Autores:

Jesús Álvarez-Herms

Diploma de Estudios Avanzados en Fisiología (DEA)

Máster en Alto Rendimiento Deportivo (COES-Universidad Autónoma de Madrid)

Licenciado en Ciencias de la Actividad Física y el Deporte (Universidad de Barcelona)

Posgrado en Nutrición y Dietética en el Deporte (INEFC- Universidad de Barcelona)

Profesor de ciclos formativos de Sanidad con oposición del MEC 2008 en la especialidad de Procesos Sanitarios

Sonia Julià-Sánchez

Máster en Fisiología Integrativa (Universidad de Barcelona)

Máster en Nutrición Clínica y ciencia avanzada de los alimentos (Universidad de Barcelona)

Licenciada en Ciencias de la Salud – Odontología (Universidad de Barcelona)

Profesora de ciclos formativos de Sanidad con oposición del MEC 2006 en la especialidad de Procesos Sanitarios

Aritz Urdampilleta Otegui

Máster en Fisiología Integrativa (Universidad de Barcelona)

Graduado en Nutrición (Universidad del País Vasco)

Licenciado en Ciencias de la Actividad Física y el Deporte (Universidad del País Vasco)

Profesor-colaborador en la Universidad del País Vasco y Profesor en la Escuela Vasca del Deporte.

Ginés Viscor Carrasco

Catedrático de Fisiología (Universidad de Barcelona-Facultad de Biologia)

Doctor en Biología, Licenciado en Biología

Profesor titular de Universidad (Facultad de Biologia- Universidad de Barcelona)

Reconocido investigador, ponente, revisor científico y docente en el campo de la fisiología de la hipoxia.

INDICE

INTRODUCCIÓN	4
INGESTA NUTRICIONAL Y ALTERACIONES HEMATOLÓGICAS	8
COLESTEROL Y SALUD CARDIOVASCULAR	10
ÍNDICE GLUCÉMICO DE LOS ALIMENTOS	12
CARGA GLUCÉMICA DE LOS ALIMENTOS	14
RESPUESTA INSULÍNICA DE LOS ALIMENTOS	16
HIPERLIPEMIAS	19
ESTRATÉGIAS NUTRICIONALES	20
ALIMENTOS QUE REDUCEN LA GLUCEMIA POSTPANDRIAL	23
INGESTA DE PROTEINAS Y CARBOHIDRATOS	25
CONSUMO DE ALCOHOL	26
PREPARACIÓN DE LOS ALIMENTOS E INDICE GLUCÉMICO	28
INGESTA DE CAFÉ Y VARIACIÓN DE LA RESPUESTA GLUCÉMICA E INSULÍNICA	29
CONCLUSIONES	30
BIBLIOGRAFIA	31

1 INTRODUCCIÓN

En la elaboración de propuestas nutricionales los alumnos deben tener en cuenta aspectos básicos como las características antropométricas, el sexo, la edad, las necesidades específicas individuales, el clima, la actividad diaria y aspectos implícitos en la salud.

El cálculo de las necesidades calóricas diarias se debe programar atendiendo a diferentes parámetros como el gasto calórico basal o en función de la actividad diaria. Actividades deportivas incrementan el gasto calórico y periodos de incapacidad los reducen. En este punto, es importante resaltar la importancia del término establecido por Jenkins (1981) sobre el índice glucémico. La definición básica establece la respuesta fisiológica de la glucemia a la ingesta y digestión de los alimentos. Se establece y categoriza cada alimento con un valor en función de la respuesta glucémica de una cantidad de ese alimento equivalente a 50 gramos de carbohidratos (HC) y se compara a la respuesta glucémica de 50 gramos de glucosa o pan blanco (figura 1)

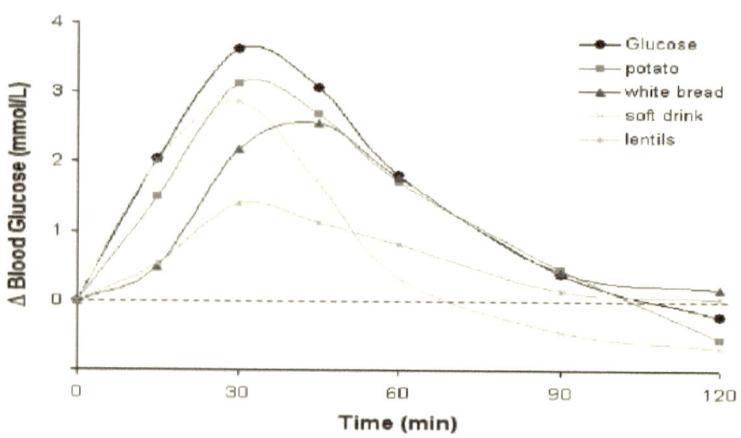

Figura 1. Ejemplo de la respuesta glucémica a diferentes alimentos comunes como glucosa (glucosa), patatas (potato), pan blanco (white bread), bebidas azucaradas con gas (sofá drink) y lentejas (lentins).

La dieta de la sociedad actual consume un elevado porcentaje de hidratos de carbono que sin necesidad de utilización como fuente energética acaban generando problemas asociados a dislipemias y obesidad. En relación a ello se ha descrito un aumento muy significativo de población que sufre patologías asociadas a la mala nutrición como la diabetes o las enfermedades cardiovasculares con dietas elevadas en hidratos de carbono. Desde el 1980 hasta el 2003, la incidencia de población americana con diabetes fue de 5,8 millones a 13,8 millones con 41 millones diagnosticados de prediabetes. Además el 65% de los americanos adultos son obesos o tienen sobrepeso con 60 millones de obesos (1).

La primera referencia conocida sobre propuestas nutricionales con dietas bajas en hidratos de carbono se remonta a 1860 descrita por William Banting (2).

Actualmente, se ha descrito, desde puntos de vista científicos, la relación positiva entre una dieta con alimentos con bajo índice glucémico y la prevención de la obesidad. Una explicación fisiológica y simple para ello es la reducción de los niveles de glucosa postprandial y la respuesta insulínica. A nivel metabólico desciende la oxidación de carbohidratos y incrementaría el gasto de y oxidación de grasas. Además una lenta y baja glucosa promueve una mayor saciedad suprimiendo el hambre (3).

La FAO/WHO definen el índice glucémico como el área incremental bajo la cual la curva de respuesta sanguínea a la ingesta de 50 gramos de una porción de carbohidratos de un test de comida expresado como un porcentaje de la respuesta a la misma cantidad de carbohidratos de una comida estándar (pan blanco o glucosa) ingerida por el mismo sujeto (4).

Como se ha argumentado previamente, la importancia de la individualización de las propuestas e intervenciones nutricionales favorecerá la eficacia de los programas propuestos en cada sujeto. Aunque existe una clasificación genérica sobre la respuesta glucémica a cada alimento y de ello se deriva una clasificación, existe en cada sujeto una propia respuesta individual que modificaría en parte la selección y propuesta nutricional.

La importancia en la selección de los carbohidratos a ingerir se basa en la clasificación realizada sobre el índice glucémico de los alimentos. Se ha clasificado en 3 los diferentes carbohidratos más clásicos de las diferentes dietas mundiales. En función de la respuesta glucémica los alimentos han sido clasificados como:

- Bajo índice glucémico
- Moderado/intermedio índice glucémico
- Alto índice glucémico

La tabla de clasificación de los alimentos en función de su índice glucémico puede ser consultada en numerosos fuentes bibliográficas aunque es muy útil la página web: glycemicindex.com. Esta web dispone de la catalogación de cerca de 2000 alimentos en función de su respuesta glucémica.

Para entender su aplicación de manera simple podemos describir como un alimento clasificado como de índice glucémico alto produce una respuesta glucémica sanguínea inmediata más alta que un alimento de índice glucémico bajo. Esta respuesta glucémica aumentada a la vez incrementará la respuesta insulínica.

El uso clínico de los valores establecidos de índice glucémico se ha relacionado con una aplicación clínica para prevenir y/o manejar-tratar patologías como la diabetes, obesidad o patologías cardiovasculares (5). El efecto de un aumento de la glucemia en sangre tiene una respuesta asociada en el incremento de la secreción de insulina y esta se asocia en un incremento del riesgo de desarrollar patologías como las citadas anteriormente.

El uso clínico y la aceptación científica del índice y la carga glucémica están extendidos actualmente pero a la vez se mantiene cierta controversia. La propia respuesta individual o las situaciones individuales pueden variar esta respuesta fisiológica. Por ejemplo, la actividad física incrementa el consumo de glucosa e incrementa la sensibilidad insulínica descendiendo el índice glucémico e insulínico de los alimentos (6).

En un estudio científico, Englert y cols. mostraron como había una respuesta insulínica más baja después de realizar una actividad física moderada o ingerir una barrita energética en comparación con la misma ingesta pero sin ejercicio físico previo. Está respuesta fisiológica puede ser de vital importancia en el tratamiento-prevención de patologías como la diabetes.

El conocimiento de los profesionales de la nutrición y de los clientes-pacientes que llevarán a cabo intervenciones nutricionales deberían conocer al máximo los beneficios físicos, psíquicos y fisiológicos de la realización de una dieta adecuada a su estilo de vida o patologías. EL objetivo principal debería ser siempre mejorar la cultura del paciente para que este pudiera ajustar de un modo correcto las intervenciones dirigidas por un profesional.

Complementar la actividad física con la nutrición es básico para mejorar y controlar procesos patológicos como la diabetes. Del mismo modo intervenciones encaminadas al control de peso son mucho menos eficientes y restrictivas sin la realización de actividad física de diferente intensidad.

Uno de los objetivos del pedagogo de la nutrición debe ser que el paciente/cliente aprenda a ajustar y manejar los términos que se explicarán a continuación como son el índice glucémico y la carga glucémica. Del mismo modo la aplicación de estos a actividades específicas como el deporte será de vital importancia para mejorar el rendimiento deportivo.

2. INGESTA NUTRICIONAL Y ALTERACIONES HEMATOLÓGICAS

La medicina utiliza el análisis de la sangre para controlar y predecir posibles patologías. Las hormonas, enzimas y metabolitos circulantes por el torrente sanguíneo tienen parámetros descritos y clasificados con límites de tolerancia fisiológica ante posibles efectos desencadenantes. Por ejemplo es asociado un mayor riesgo de sufrir patologías cardiovasculares con un bajo colesterol HDL, triglicéridos elevados y altas concentraciones de LDL (7). Como se ha mencionado anteriormente, existen factores genéticos que predisponen a almacenar en mayor o menor cantidad lípidos en sangre pero aspectos como la nutrición y el estilo de vida (actividad física, tabaco, ingesta de alcohol) tienen también una gran influencia.

El alumno/a debe conocer y asimilar la importancia de conocer como la ingesta alimenticia (en proporción, tipo y calidad) puede influir en el desarrollo o control de patologías asociadas a la nutrición. Por esta razón se debe hacer énfasis en la importancia de atender a parámetros como el índice glucémico y la carga glucémica en la elaboración completa de propuestas nutricionales. De este modo la complejidad en la elaboración de estrategias nutricionales deberá atender a:
- tipo de alimentos (grasas, lípidos, carbohidratos).
- a las vitaminas y minerales
- fibra
- porcentaje de agua
- timing de ingesta
- necesidades calóricas en función de la edad y sexo
- tipo de actividad diaria realizada (deporte, características laborales)
- patologías reconocidas o predispuestas
- clima, condiciones ambientales (altitud)
- época del año y alimentos de temporada
- medicación prescrita

- enfermedades o procesos patológicos transitorios
- tolerancia-intolerancia a ciertos alimentos
- propias características individuales
- modo de cocción de los alimentos
- combinación de alimentos por función y respuesta metabólica
- objetivos y estrategias nutricionales.

El uso y combinación de alimentos puede tener una importancia vital en reducir el riesgo de desarrollar patologías cardiovasculares o metabólicas en función de la digestión y asimilación que el cuerpo hace de los alimentos.

3 COLESTEROL Y SALUD CARDIOVASCULAR

Médicamente, altos valores de HDL se relacionan con longevidad y mayor salud cardiovascular (8). Por el contrario, valores bajos se han relacionado con resistencia a la insulina y mayor riesgo de sufrir patologías cardiovasculares.

El seguimiento de dietas elevadas en hidratos de carbono en personas no físicamente activas incrementa los valores de triglicéridos a través de una mayor inducción en la producción de ácidos grasos en el hígado sumado a una inhibición de la acción de las lipoproteínas lipasa (LPL). El desencadenante de este proceso es una mayor predisposición a generar una resistencia metabólica a la insulina (9).

La reducción y frecuencia en la ingesta de bebidas ricas en azúcares, gases y zumos a la vez que alimentos sólidos azucarados es beneficioso para un buen control de parámetros asociados a dislipemias y riesgo cardiovascular (10).

Como se ha descrito anteriormente, bajos niveles de colesterol HDL sumado a altos valores de triglicéridos y altas tasas de colesterol LDL se han asociado con incrementos en el riesgo de sufrir patologías cardiovasculares y la prevalencia de éstas se ha descrito como de diferente prevalencia en diferentes grupos étnicos (11). Es evidente que los factores genéticos de por sí no explican la diferencia en los lípidos séricos, y es probable que factores como el estilo de vida (ejercicio físico, actividad, dieta, tabaco e ingesta de alcohol) tengan una gran influencia en la concentración de lípidos.

Aunque la ingesta de grasas tiene una relación importante en los lípidos plasmáticos, si en lugar de grasas se consume gran cantidad de carbohidratos, las concentraciones de LDL y HDL descienden pero con un aumento de los triglicéridos (12). En un amplio estudio sobre la ingesta de grasas y carbohidratos y su efecto en la sangre se describió como el colesterol HDL descendió <0,016 mmol/L a la vez que los triglicéridos en 0,026 mmol/L por cada 1% de energía total procedente de grasas poliinsaturadas que eran reemplazadas por carbohidratos (12).

La ingesta de dietas compuestas por alto contenido en carbohidratos incrementa las concentraciones de triglicéridos por la mayor producción de ácidos grasos en el hígado y la acción inhibida de las lipoproteínas lipasa (LPL) a través del incremento en la producción de apolipoproteinas CIII, particularmente en la resistencia a la insulina. El efecto de la ingesta de carbohidratos en los lípidos plasmáticos quizá estaría atenuado por factores relacionados con la sensibilidad a la insulina, tales como el mantenimiento del peso óptimo, incremento de la actividad física o el mantenimiento de la masa muscular.

La lipoproteína lipasa es una enzima involucrada en la hidrolización de los triglicéridos desde los quilomicrones descomponiéndolos en ácidos grasos y glicerol, liberándolos en músculo y tejido adiposo. Su deficiencia causa hiperlipoproteinemia (exceso de metabolitos proteicos fruto de la degradación de las proteínas) y aterosclerosis. Por ello como se describe anteriormente si su acción está inhibida se aumenta el riesgo de hiperlipoproteinemia y aumento de colesteroles en plasma.

Bajo las premisas descritas, y apoyado en datos de estudios rigurosos (10) se describen diferencias en concentraciones de colesterol (HDL y LDL) y triglicéridos quizá en parte debido a la dieta seguida y el porcentaje de ingesta de carbohidratos en cada grupo étnico. Por ello existe la recomendación de reducir las bebidas azucaradas con gas, zumos y snacks para el control de valores de lípidos plasmáticos y el control del peso.

4 ÍNDICE GLUCÉMICO DE LOS ALIMENTOS

La respuesta glucémica de los alimentos está influenciada por la forma en que se toma la ingesta (tempo, periodo masticatorio), fibra con la que se acompaña y la naturaleza del carbohidrato (Jenkins 1981).

Existen situaciones especiales en las cuales es importante programar correctamente la selección de alimentos en función de su índice glucémico. En pacientes con diabetes será muy recomendable el uso prioritario de alimentos con índices glucémicos bajos para el control de la glucemia postprandial. En deportistas, por el contrario, deberán utilizar alimentos con índices glucémicos altos durante y al finalizar la actividad física para recargar rápidamente los depósitos de glucógeno muscular (13).

El conocimiento de la química y clasificación de los carbohidratos, la digestión en el intestino delgado, la fermentación en el intestino grueso, la absorción, metabolismo y regulación hormonal del metabolismo de la glucosa ayuda a entender porque factores como el tipo de carbohidrato (amilasa, amilopectinas...), el tamaño, la macro- y micro- estructura, la presencia de enzimas inhibidoras (antinutrientes), los lípidos, proteínas y la fibra en las comidas son responsables de los diferentes índices glucémicos durante la digestión.
El proceso masticatorio, el rango de vaciado gástrico y el tiempo-tránsito en el intestino delgado variarían individualmente la respuesta glucémica.
La glucemia postprandial se asocia también a los niveles postprandiales de ácidos grasos libres, insulina, peptina-c y polipectina inhibitoria gástrica (Jenkins 2006). Del mismo modo y por extensión se ha relacionado que una dieta baja & alta de índice glucémico se asocia con unos niveles más bajos de ácidos grasos libres, niveles altos de HDL y bajos niveles de LDL. Leeds (14) señaló que bajos niveles de ácidos grasos libres en sangre, fruto de una dieta con alimentos bajos en IG, suprimiría la producción-liberación de señales

hormonales desde el tejido adiposo, lo que podría mejorar las dislipemias y la resistencia a la insulina.

Dietas compuestas con un elevado número de carbohidratos de alto índice glucémico se han asociado a mayor prevalencia de desarrollar diabetes tipo 2. Willet identificó como la intolerancia a la glucosa era causada por un incremento en la resistencia a la insulina debido a una fatiga de las células beta-pancreáticas. Estas células dejarían de funcionar correctamente debido a una fatiga impuesta por su reiterada y gran demanda.
Algunos investigadores han aportado datos sobre la mayor capacidad de saciedad de los alimentos con bajo índice glucémico y la relación de esto con la prevención de la obesidad pero en este punto más investigaciones concluyentes son necesarias para extraer conclusiones afirmativas (15).

Debe señalarse que la importancia en la elección de alimentos para una dieta no debe únicamente atender al contenido de carbohidratos por el índice o carga glucémica sino también por el porcentaje de macro-micro nutrientes, grasa y tipo, proteínas… y la relación clínica con las necesidades individuales de la persona.

5 LA CARGA GLUCÉMICA DE LOS ALIMENTOS

Es una medida del efecto total de la dieta. Es definida como el producto de la ingesta (índice glucémico) y el índice glucémico asociado a ella y la cantidad total de carbohidratos ingeridos (16).

La carga glucémica corresponde al producto de cada comida (índice glucémico del alimento) y la cantidad de carbohidratos en la muestra. Este producto dividido por 100.

Cuando comidas mezclan carbohidratos se conoce que la diferencia en la glucemia postprandial se mantiene. Sin embargo la diferencia de magnitud quizá depende del tamaño de la comida (17).

Cuando la cantidad y tipo de carbohidratos (junto con otros macronutrientes) presentes en la comida fueron ajustados para obtener similares cargas glucémicas, una comparable y alta glucemia plasmática e insulina fue alcanzada. La carga glucémica solamente no es un parámetro válido para predecir el impacto de la comida en la glucemia cuando diferentes tipos y cantidades de carbohidratos son consumidos. Además, el uso de la carga glucémica para diferenciar el impacto agudo en la sangre de la glucemia y la respuesta insulínica por comidas mixtas es básica (18).

A continuación se expone una tabla ejemplo a modo del cálculo de la carga glucémica total en función de los alimentos y el índice glucémico correspondiente (tabla 1). Podemos ver que únicamente por variar un alimento de la comido se puede variar la carga glucémica de modo sustancial. Es por ello vital tener en cuenta el índice glucémico de los alimentos, los gramos ingeridos y la interacción de otros alimentos (proteínas, lípidos, fibra, bebida...).

ALIMENTOS	Carbohidratos (gr)	ÍNDICE GLUCÉMICO DEL ALIMENTO	CARGA GLUCÉMICA
COMIDA 1			
CEREALES ALL BRAN	30 (57,7)	73	42,1
ZUMO DE NARANJA	16 (30,8)	59	18,2
LECHE 2% GRASA	6 (11,5)	48	5,5
COMIDA 2			
CEREALES CORN FLAKES	30 (57,7)	121	69,8
ZUMO DE NARANJA	16 (30,8)	59	18,2
LECHE 2% GRASA	6 (11,5)	48	5,5
TOTAL COMIDA 1	52 (100)		65,8
TOTAL COMIDA 2	52 (100)		93,5

Tabla 1. Modelo comparativo de la carga glucémica total en función de la selección de alimentos. Gramos de carbohidratos (porcentaje del total de la comida), índice glucémico y carga glucémica total. Fuente: (19)

6 LA RESPUESTA INSULÍNICA

La Resistencia a la insulina es una condición en la cual el músculo, el tejido adiposo y las células del hígado son menos sensibles a los efectos metabólicos de la insulina. Las acciones fisiológicas de la insulina están inhibidas pero puede ser compensado por un incremento en la concentración de insulina sanguínea (hiperinsulinemia).

Factores como la obesidad, la genética se ha visto que se asocian con un desarrollo de resistencia a la insulina. En este punto, se ha observado (a través de estudios científicos) como la introducción de programas de actividad física son efectivos en la prevención y el retraso de la aparición de patologías como la diabetes tipo 2 (20).

Como se ha comentado anteriormente, la actividad física es una herramienta básica para mejorar el control de la diabetes, así como para prevenirla. A la vez, se ha descrito que mejora la sensibilidad celular a la insulina. La clave para determinar una correcta actuación con pacientes es determinar la intensidad de ejercicio adecuada para mejorar esta respuesta insulínica. Analizando diferentes estudios científicos internacionales no se llega a un consenso sobre la intensidad adecuada para esta mejora. Hayashi vio mejoras a partir de realizar intensidades superiores al 70% del consumo máximo de oxígeno (21). Young también describió como ejercicio al 80% del máximo consumo de oxígeno mejoraba y reducía valores de insulina en plasma (43%) respecto a realizar ejercicio al 40% del consumo máximo de oxígeno (22). Se observa como ejercicio de más alta intensidad aumenta la sensibilidad muscular a la insulina en mayor medida que ejercicio de media o baja intensidad.

Un efecto importante en el control de peso se basa en la reducción de los niveles de insulinemia postprandial. Dietas compuestas con una carga glucémica baja (selección de alimentos con índice glucémico bajo) facilitarían un mayor consumo de ácido grasos como fuente energética principal. Se ha comprobado cómo después de una ingesta de carga glucémica baja (alimentos con índice glucémico bajo) en comparación con una de carga alta (alimentos con índice glucémico alto) y realización de ejercicio de baja intensidad se oxidaba mayor cantidad de grasas a expensas de glucógeno (23).

En otro lado, existen estudios que señalan una relación entre altas concentraciones de insulina como factor de riesgo de desarrollo de algunos tipos de cáncer (16). El principal mecanismo por el cual dietas altas en índice glucémico incrementarían el riesgo de cáncer es la modulación de la insulina como factor de crecimiento (IGF). La insulina actúa como un factor de crecimiento para las células de la mucosa cólica, este hecho estimularía la proliferación y diferenciación celular pudiendo inhibir la apoptosis (24). Del mismo modo, factores como la resistencia a la insulina, la hiperglucemia, la obesidad o la diabetes pueden aumentar el riesgo de cáncer. En un meta-análisis sobre incidencia de la carga y el índice glucémico en el cáncer se concluyó que existen evidencias para asociar el alto consumo de carga e índice glucémico y el riesgo de sufrir cáncer colorectal y endometrio. La magnitud del riesgo en función del alto o bajo índice glucémico de la dieta es modesta pero varía según la población de estudio (25).

7 HIPERLIPEMIAS

Recientes estudios han descrito como una comida alta en grasas saturadas causa un inmediato incremento de los triglicéridos plasmáticos, estrés oxidativo e inflamación la cual se relaciona con un empeoramiento de la función endotelial, mayor vasoconstricción y presión sanguínea sistólica (26). Una hiperlipemia postprandial se define con altos niveles de triglicéridos plasmáticos quilomicrones y lipoproteínas remanentes que se asocian con estrés oxidativo e inflamación y independientemente potencia los efectos adversos de la hiperglucemia (27). Estos niveles altos de hiperlipemia postprandial se asocial a resistencia a la insulina y al síndrome metabólico.

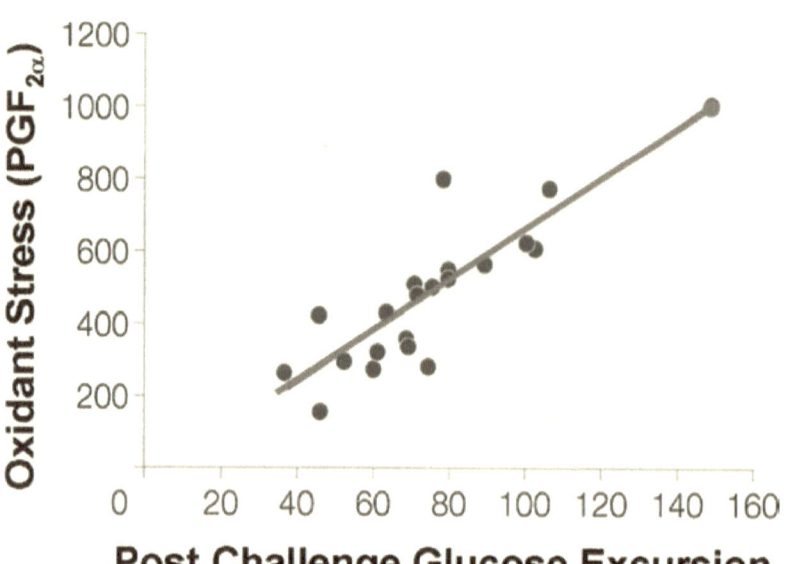

Figura 2. Relación entre el estrés oxidativo y los niveles de glucemia postprandial mantenidos. (fuente: (28)

El aumento de la glucemia postprandial se ha correlacionado directamente con el aumento de radicales libres. Es por ello importante valorar que el efecto en personas diabéticas, con síndrome metabólico o mala digestión-absorción de nutrientes tendrán más efectos de los radicales libres sobre su organismo.

Que las comidas con alto contenido en grasas y con carbohidratos de índice glucémico alto causan inflamación es evidente debido al incremento inmediato de la proteína C, citoquinas y endotelinas-1 (figura 3).

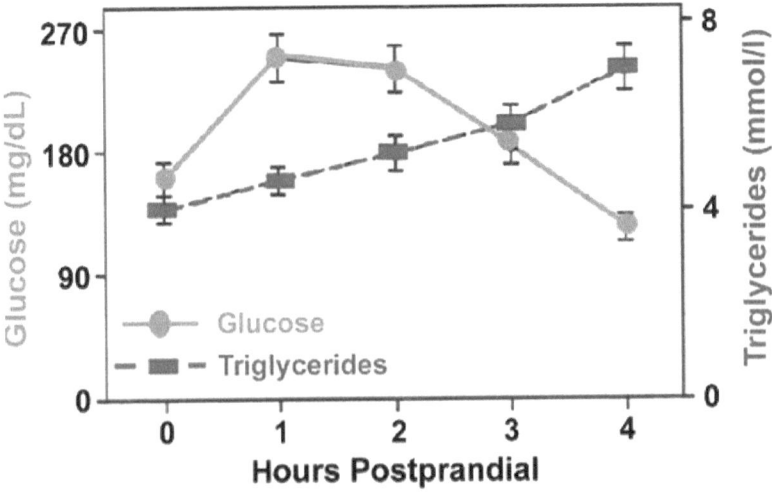

Figura 3. Relación entre valores de glucemia y triglicéridos. Fuente: (28)

8 ESTRATEGIAS NUTRICIONALES

La obesidad es uno de los problemas más importantes de la sanidad de los países industrializados. Por ejemplo en Estados Unidos se ha pasado del 13,4% al 30,9 % de población obesa entre 20 y 74 años en el período 1960-2000 (29). El tratamiento para reducirla es de vital importancia a nivel económico y social. En referencia al tema que tratado sobre el índice glucémica, la carga glucémica y el control del peso se ha descrito fisiológicamente que dietas con alta carga glucémica resultan en una alta concentración de hiperinsulemia postprandial (30). Una alta respuesta insulínica postprandial desciende la disponibilidad de metabolitos energéticos varias horas después de la comida, causando hambre y comer en exceso (5).

El análisis de la respuesta insulínica postprandial es tan importante que ha llegado a predecir la variabilidad en el peso en función de la dieta seguida, alta o baja en índice glucémico de los alimentos (31). En un estudio se analizó a sujetos con una alta respuesta insulínica postprandial y la realización de dietas con baja carga glucémica en la valoración del control del peso. Los resultados describieron que para personas obesas con una alta respuesta insulínica a la comida, una alimentación basada en alimentos con bajo índice glucémico quizá promovería una mayor perdida de peso y masa grasa que una dieta baja en grasa. A nivel lipídico, se encontraron descensos en los valores hematológicos de colesterol HDL y triglicéridos pero no en concentraciones de colesterol LDL (32).

Los defensores de las dietas bajas en carbohidratos se sustentan en que dietas altas en proteínas promueven el metabolismo lipídico en ausencia de disponibilidad de carbohidratos en la dieta y esto hace que exista una pérdida de peso sin significativos efectos adversos (33). Sin embargo numerosas organizaciones profesionales sobre nutrición han desaconsejado su uso por posibles problemas asociados en pacientes con problemas cardiovasculares, diabetes tipo 2, dislipemia o hipertensión. Fisiológicamente se ha descrito que este tipo de dietas alta en proteínas causa una acumulación de cetonas y quizá resulta en un funcionamiento anormal metabólico de la insulina perjudicando al hígado y los riñones. A la vez el alto consumo de proteínas puede causar hiperlipemia perjudicando la función renal.

Un estudio científico analizó 107 estudios con 94 dietas diferentes para valorar la eficacia y salubridad de las dietas sugeridas en bajo contenido en hidratos de carbono (34). Este estudió concluyó que hay insuficientes evidencias que vayan en contra de este tipo de dietas. La gran variabilidad de estudios en duración, edad de los sujetos, tipos de sujetos y patologías... hace que las conclusiones finales sean inconcluyentes. Las dietas bajas en carbohidratos, con un umbral de menor o igual 20g/d de hidratos de carbono, solo han sido estudiadas en 71 sujetos y sin muestras posteriores de lípidos y glucosa plasmática. En este estudio si que se observó la relación directa entre dietas calóricamente restrictivas y la pérdida de peso. Como principales conclusiones señalan que en sujetos no diabéticos sin intolerancia a dietas bajas en carbohidratos este tipo de intervenciones podrían servir como una dieta de "choque" para perder peso rápidamente sin efectos adversos el niveles de lípidos, control de la glucemia o la presión sanguínea. Sin embargo, no hay consistencia científica sobre su recomendación a seguir a largo plazo. Por ello se ha descrito el consejo de realizar estudios futuros sobre este tipo de dietas a largo plazo y su efecto en los lípidos plasmáticos, glucemia e hiperpotasemia.

La cantidad y tipo de carbohidratos en una comida es el principal determinante de la posterior glucemia postprandial. Como se ha comentado anteriormente se ha investigado sobre el efecto de dietas altas en hidratos de carbono de índice glucémico alto, con poca fibra y el aumento del riesgo de sufrir patologías cardiovasculares y diabetes tipo 2 (35).

Por ejemplo plantas mínimamente procesadas (vegetales, frutas, semillas, granos, nueces...) generalmente incrementan en menor medida la glucemia y los triglicéridos postprandiales que comidas procesadas. Alimentos ideales para mejorar el metabolismo postprandial incluyen vegetales como brócoli, espinacas, tomates o cítricos. Su baja densidad calórica, en índice glucémico, alto contenido en agua y fibra favorecen la digestión. Además los antioxidantes presentes en estos alimentos ayudan a proteger el endotelio vascular del estrés oxidativo producido en la digestión postprandial. La canela es una hierba libre de calorías, rica en antioxidantes que añadida a comidas con índice glucémico alto reducen significativamente la glucemia postprandial, en parte por el enlentecimiento del vaciado gástrico (36). A la vez, un exceso de ingesta de carbohidratos procesados configura un círculo vicioso provocando picos transitorios de glucemia e insulina rápidamente después de las comidas provocando hambre e hipoglucemia. A la vez, este tipo de dieta aumenta en exceso la grasa visceral, la cuál provoca una resistencia a la insulina e inflamación predisponiendo para una diabetes, hipertensión y patologías cardiovasculares. El efecto contrario produciría los beneficios contrarios (37).

Como se ha descrito anteriormente, el tipo de carbohidratos tiene importancia cuando se valora el contenido total de carbohidratos ingeridos. Pequeñas cantidades de hidratos de carbono de alto índice glucémico como el arroz, glucosa o patatas tienen un efecto mínimo en la glucemia postprandial si lo comparamos con grandes cantidades ingeridas de carbohidratos. Es por ello que aún siendo alimentos de índice glucémico bajo, las legumbres consumidas en grandes cantidades pueden causar picos altos de glucemia postprandial.

La fibra dietética es efectiva para enlentecer el vaciado gástrico, enlenteciendo la digestión y reduciendo la glucemia postprandial y los triglicéridos. Por ello, los vegetales son fuentes naturales de fibra soluble e insoluble que mejoran el metabolismo postprandial, reduciendo el estrés oxidativo y la inflamación, descendiendo los riesgos de patologías cardiovasculares y la diabetes (38).

9 ALIMENTOS QUE REDUCEN LA GLUCEMIA POSTPANDRIAL UNIDOS CON LA COMIDA.

Frutos secos como las nueces, almendras, pistachos o cacahuetes cuando son consumidas en la comida con índice glucémico alto (pan blanco, patatas...) reduce el área bajo la curva de la glucemia postprandial entre un 30 y 50% (39). A la vez las nueces también reducen el daño oxidativo porque adicionalmente aportan antioxidantes.

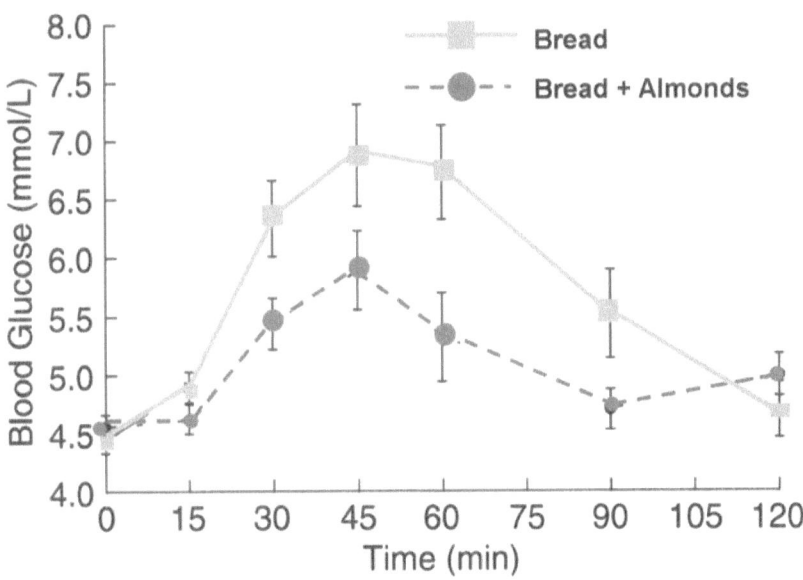

Figura 4. Efecto de la ingesta de almendras en la comida con índice glucémico alto. Fuente: (40)

En un estudio en el que se analizaron 772 sujetos con riesgo de sufrir patologías cardiovasculares se les administro una dieta baja en grasa (estilo mediterráneo) suplementando con 30gramos al día de nueces y/o uso de aceite de oliva virgen (1 litro/semana). Este estudio encontró que después de 3 meses disminuyo significativamente la presión sistólica, la glucosa en ayunas y biomarcadores inflamatorios en comparación con una dieta normal (41). Los beneficios de la ingesta de frutos secos como las nueces (al menos 5 veces a la semana) reduce entre un 20 y 50% las posibilidades de sufrir diabetes o patologías cardiovasculares (42). Aceites de pescado como el omega 3 desciende los niveles de triglicéridos postprandiales entre un 16 y un 40% dependiendo de la dosis en parte por la regulación de la actividad de las lipoproteínas lipasa y la aceleración en el aclaramiento de quilomicrones (43).

El uso del vinagre en las comidas había sido utilizado como un remedio casero en el tratamiento de la diabetes para reducir la glucemia postprandial. Estudios modernos han contrastado como la ingesta de vinagre con los alimentos reduce significativamente la glucemia postprandial probablemente debido a la acción del ácido acético que enlentece el vaciado gástrico y además retrasa la absorción de carbohidratos aumentando la saciedad. Por ello introduciendo vinagre en alimentos como pan o arroz blanco reduce los valores de glucemia postprandial entre un 25 y un 35% (figura 5).

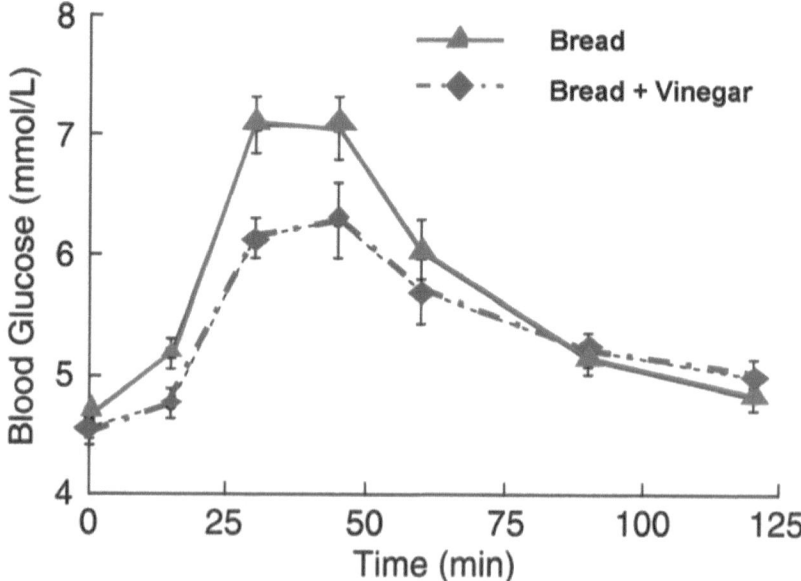

Figure 5. Respuesta glucémica a una ingesta de vinagre unido a una comida con hidratos de carbono de alto índice glucémico. Fuente: (40)

10 INGESTA DE PROTEÍNAS Y CARBOHIDRATOS

Un estudio científico comprobó el efecto en la glucemia postprandial de una ingesta de proteínas más glucosa (bebida). La combinación disminuyo en un 56% la curva de glucemia postprandial en comparación con no incluir proteínas en la alimentación. A la vez la respuesta insulínica aumento un 60% (figura 5).

11. CONSUMO DE ALCOHOL

Se ha argumentado la relación existente entre el abuso de ingesta de alcohol y la relación con patologías como la diabetes o las enfermedades cardiovasculares. Por el contrario, se ha recomendado el consumo moderado de alcohol de baja graduación para beneficios cardioprotectores. El alcohol aumenta las lipoproteínas de alta intensidad en efecto en la glucemia no es lineal (figura 6). A la vez el consumo moderado de alcohol de baja graduación incrementaría la sensibilidad a la insulina y el metabolismo de la glucosa (44).

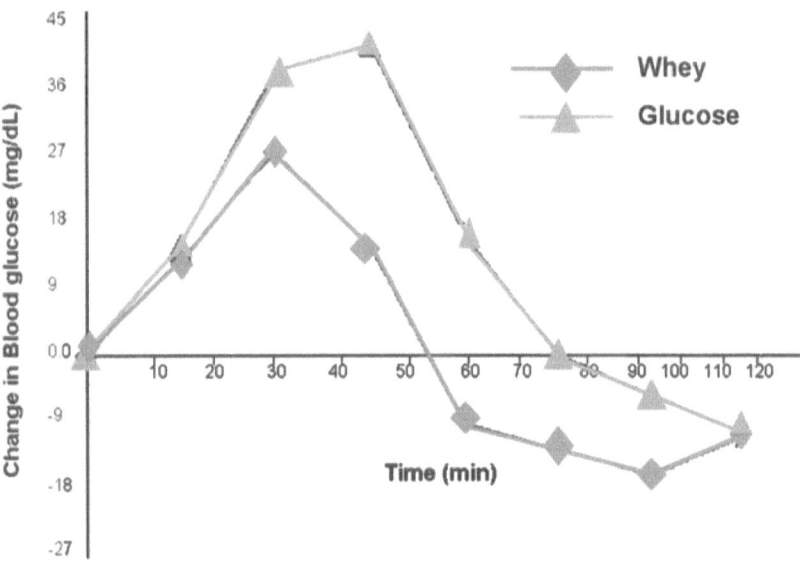

Figura 6. Efecto de una ingesta combinada de bebida de glucosa + proteínas (whey) y glucosa solamente. Fuente: (40)

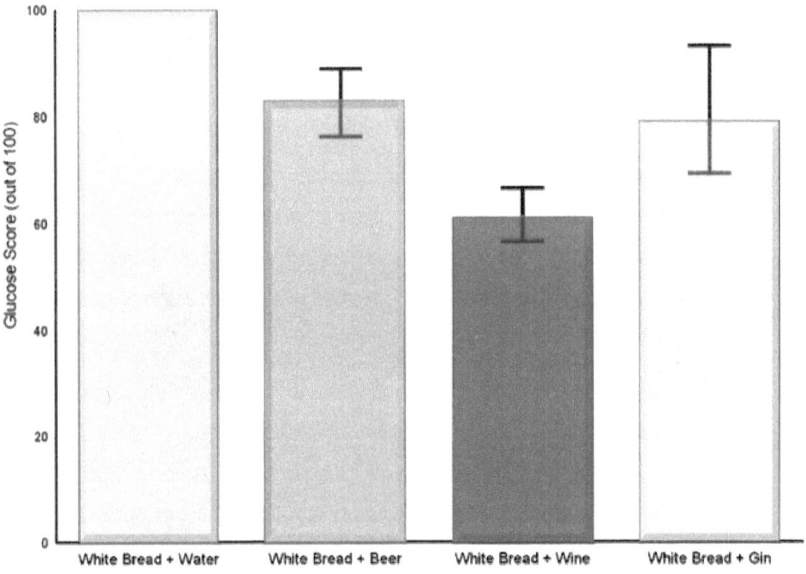

Figura 7. Respuesta glucémica comparada entre ingesta de diferentes bebidas energéticas.
Fuente: (40)

12. PREPARACIÓN DE LOS ALIMENTOS E ÍNDICE GLUCÉMICO

Los métodos modernos de preparación de los alimentos afectan de diferente modo en la digestión. Algunos autores han reportado como la preparación de la comida al estilo "casero" reduce los valores del índice glucémico en comparación con métodos más actuales de preparación de alimentos (pre-cocinados) (45).

A la vez, el tiempo de cocción de los alimentos (por ejemplo la pasta) influye en la digestión-absorción de los nutrientes e incrementa o reduce la respuesta insulínica y glucémica en la digestión. Cuanto mayor es el tiempo de cocción de alimentos como pasta, ciertas verduras y alimentos se incrementa el índice glucémico y por el contrario cuanto menos tiempo (más crudo) se baja el índice glucémico (46).

13. INGESTA DE CAFÉ Y VARIACIÓN DE LA RESPUESTA GLUCEMIA E INSULÍNICA

El consume de café con cafeína junto con una comida de alto índice glucémico incrementa hasta en un 147% la glucosa, un 29% la insulina y redujo en un 40% el índice de sensibilidad a la insulina. Del mismo modo, con una comida de índice glucémico bajo y la ingesta de café con cafeína empeoraba la respuesta glucémica, insulinica. De este modo, en el tratamiento de pacientes con dietas en índice glucémico bajo debe tenerse en cuenta que la ingestión de café cafeinado empeora este control en la glucemia y la insulinemia.

La explicación fisiológica de este comportamiento es debido a que la cafeína estimula la liberación de epinefrina, la cual ejerce acciones opuestas a la insulina vía estimulación β-adrenérgica. Del mismo modo la sensibilidad a la insulina se ve afectada por el mismo efecto fisiológico ((47).

Bajo estas premisas debería ser tenido en cuenta el control de la ingesta de café cafeinado en dietas propuestas con objetivos de reducir el índice glucémico de las comidas. Aunque se han reportado beneficios en la ingesta de cafeína en dosis bajas deberá tenerse presente este estudio descrito para el control de la glucemia e insulinemia.

CONCLUSIONES

El uso clínico del índice glucémico no está al margen de cierta controversia científica. Se ha descrito su uso clínico en el tratamiento de patologías como la diabetes y en su importancia en el control y prevención. Del mismo modo su conocimiento es útil para realizar intervenciones nutricionales adecuadas para el deporte o la actividad física.

El rigor científico hace que seamos muy prudentes a la hora de describir el índice glucémico de los alimentos como el método de control de la alimentación. Debemos ser conscientes que cada persona tiene una respuesta individual en la digestión y metabolización de los alimentos. Esta propia respuesta individual que se ha visto puede estar influenciada por la genética, el tipo de alimentación, la práctica deportiva, el sexo... debe ser tenida en cuenta a la hora de realizar propuestas nutricionales basándonos en el índice y la carga glucémica como elemento importante en su confección.

El conocimiento de las respuestas fisiológicas a la digestión y asimilación de los alimentos es útil para conocer el mecanismo y el funcionamiento orgánico y su posible influencia debido a la alimentación ingerida.

El conocimiento del tipo de alimentos y su respuesta en la glucémia es importante para tener como punto de partida el orden y la correcta alimentación a seguir.

La combinación de todo tipo de alimentos provocará diferentes respuestas fisiológicas pero con cierto conocimiento teórico podemos aprender a ordenar y sintetizar propuestas nutricionales racionales y válidas para controlar y mejorar la salud.

Con este breve manual se pretende dar una visión general sobre el término de la carga y el índice glucémico de los alimentos, su respuesta en el organismo y diferentes propuestas que ayudan a comprender el uso clínico.

BIBLIOGRAFIA

(1) Burani J, Longo PJ. Low-glycemic index carbohydrates: an effective behavioral change for glycemic control and weight management in patients with type 1 and 2 diabetes. Diabetes Educ 2006 Jan-Feb;32(1):78-88.

(2) Banting W. Letter on corpulence, adressed to the public. 2nd ed ed. London, England; 1863.

(3) Roberts SB. High-glycemic index foods, hunger, and obesity: is there a connection? Nutr Rev 2000 Jun;58(6):163-169.

(4) World Health Organization. Food and Agriculture Organization of the United Nations, editor. Joint expert consultation. The role of the glycemic index in food choice. In Carbohydrates in Human Nutrition. paper 66; 1998.

(5) Ludwig DS, Eckel RH. The glycemic index at 20 y. Am J Clin Nutr 2002 Jul;76(1):264S-5S.

(6) Fluckey JD, Hickey MS, Brambrink JK, Hart KK, Alexander K, Craig BW. Effects of resistance exercise on glucose tolerance in normal and glucose-intolerant subjects. J Appl Physiol 1994 Sep;77(3):1087-1092.

(7) Austin MA, Hokanson JE, Edwards KL. Hypertriglyceridemia as a cardiovascular risk factor. Am J Cardiol 1998 Feb 26;81(4A):7B-12B.

(8) Arai Y, Hirose N. Aging and HDL metabolism in elderly people more than 100 years old. J Atheroscler Thromb 2004;11(5):246-252.

(9) Grundy SM, Abate N, Chandalia M. Diet composition and the metabolic syndrome: what is the optimal fat intake? Am J Med 2002 Dec 30;113 Suppl 9B:25S-29S.

(10) Merchant AT, Anand SS, Kelemen LE, Vuksan V, Jacobs R, Davis B, et al. Carbohydrate intake and HDL in a multiethnic population. Am J Clin Nutr 2007 Jan;85(1):225-230.

(11) Lee J, Heng D, Chia KS, Chew SK, Tan BY, Hughes K. Risk factors and incident coronary heart disease in Chinese, Malay and Asian Indian males: the Singapore Cardiovascular Cohort Study. Int J Epidemiol 2001 Oct;30(5):983-988.

(12) Mensink RP, Zock PL, Kester AD, Katan MB. Effects of dietary fatty acids and carbohydrates on the ratio of serum total to HDL cholesterol and on serum lipids and apolipoproteins: a meta-analysis of 60 controlled trials. Am J Clin Nutr 2003 May;77(5):1146-1155.

(13) Fairchild TJ, Fletcher S, Steele P, Goodman C, Dawson B, Fournier PA. Rapid carbohydrate loading after a short bout of near maximal-intensity exercise. Med Sci Sports Exerc 2002 Jun;34(6):980-986.

(14) Leeds AR. Glycemic index and heart disease. Am J Clin Nutr 2002 Jul;76(1):286S-9S.

(15) Brand-Miller JC, Holt SH, Pawlak DB, McMillan J. Glycemic index and obesity. Am J Clin Nutr 2002 Jul;76(1):281S-5S.

(16) Jenkins DJ, Kendall CW, Augustin LS, Franceschi S, Hamidi M, Marchie A, et al. Glycemic index: overview of implications in health and disease. Am J Clin Nutr 2002 Jul;76(1):266S-73S.

(17) Chew I, Brand JC, Thorburn AW, Truswell AS. Application of glycemic index to mixed meals. Am J Clin Nutr 1988 Jan;47(1):53-56.

(18) Galgani J, Aguirre C, Diaz E. Acute effect of meal glycemic index and glycemic load on blood glucose and insulin responses in humans. Nutr J 2006 Sep 5;5:22.

(19) Wolever TM, Jenkins DJ, Jenkins AL, Josse RG. The glycemic index: methodology and clinical implications. Am J Clin Nutr 1991 Nov;54(5):846-854.

(20) Knowler WC, Barrett-Connor E, Fowler SE, Hamman RF, Lachin JM, Walker EA, et al. Reduction in the incidence of type 2 diabetes with lifestyle intervention or metformin. N Engl J Med 2002 Feb 7;346(6):393-403.

(21) Hayashi Y, Nagasaka S, Takahashi N, Kusaka I, Ishibashi S, Numao S, et al. A single bout of exercise at higher intensity enhances glucose effectiveness in sedentary men. J Clin Endocrinol Metab 2005 Jul;90(7):4035-4040.

(22) Young DA, Wallberg-Henriksson H, Sleeper MD, Holloszy JO. Reversal of the exercise-induced increase in muscle permeability to glucose. Am J Physiol 1987 Oct;253(4 Pt 1):E331-5.

(23) Stevenson EJ, Williams C, Mash LE, Phillips B, Nute ML. Influence of high-carbohydrate mixed meals with different glycemic indexes on substrate utilization during subsequent exercise in women. Am J Clin Nutr 2006 Aug;84(2):354-360.

(24) Kaaks R, Lukanova A. Energy balance and cancer: the role of insulin and insulin-like growth factor-I. Proc Nutr Soc 2001 Feb;60(1):91-106.

(25) Gnagnarella P, Gandini S, La Vecchia C, Maisonneuve P. Glycemic index, glycemic load, and cancer risk: a meta-analysis. Am J Clin Nutr 2008 Jun;87(6):1793-1801.

(26) Jakulj F, Zernicke K, Bacon SL, van Wielingen LE, Key BL, West SG, et al. A high-fat meal increases cardiovascular reactivity to psychological stress in healthy young adults. J Nutr 2007 Apr;137(4):935-939.

(27) Ceriello A, Assaloni R, Da Ros R, Maier A, Piconi L, Quagliaro L, et al. Effect of atorvastatin and irbesartan, alone and in combination, on postprandial endothelial dysfunction, oxidative stress, and inflammation in type 2 diabetic patients. Circulation 2005 May 17;111(19):2518-2524.

(28) O'Keefe JH, Gheewala NM, O'Keefe JO. Dietary strategies for improving post-pandrial glucose, lipinds, inflammation, and cardiovascular health. J Am Coll Cardio 2008;51:249-255.

(29) Flegal KM, Ogden CL, Carroll MD. Prevalence and trends in overweight in Mexican-american adults and children. Nutr Rev 2004 Jul;62(7 Pt 2):S144-8.

(30) Brand-Miller JC, Thomas M, Swan V, Ahmad ZI, Petocz P, Colagiuri S. Physiological validation of the concept of glycemic load in lean young adults. J Nutr 2003 Sep;133(9):2728-2732.

(31) Pawlak DB, Kushner JA, Ludwig DS. Effects of dietary glycaemic index on adiposity, glucose homoeostasis, and plasma lipids in animals. Lancet 2004 Aug 28-Sep 3;364(9436):778-785.

(32) Ebbeling CB, Leidig MM, Feldman HA, Lovesky MM, Ludwig DS. Effects of a low-glycemic load vs low-fat diet in obese young adults: a randomized trial. JAMA 2007 May 16;297(19):2092-2102.

(33) Atkins RC. Dr Atkins new diet revolution. New York: NY: Avon books; 1998.

(34) Bravata DM, Sanders L, Huang J, Krumholz HM, Olkin I, Gardner CD, et al. Efficacy and safety of low-carbohydrate diets: a systematic review. JAMA 2003 Apr 9;289(14):1837-1850.

(35) Beulens JW, de Bruijne LM, Stolk RP, Peeters PH, Bots ML, Grobbee DE, et al. High dietary glycemic load and glycemic index increase risk of cardiovascular disease among middle-aged women: a population-based follow-up study. J Am Coll Cardiol 2007 Jul 3;50(1):14-21.

(36) Hlebowicz J, Darwiche G, Bjorgell O, Almer LO. Effect of cinnamon on postprandial blood glucose, gastric emptying, and satiety in healthy subjects. Am J Clin Nutr 2007 Jun;85(6):1552-1556.

(37) Arora SK, McFarlane SI. The case for low carbohydrate diets in diabetes management. Nutr Metab (Lond) 2005 Jul 14;2:16.

(38) Ma Y, Griffith JA, Chasan-Taber L, Olendzki BC, Jackson E, Stanek EJ,3rd, et al. Association between dietary fiber and serum C-reactive protein. Am J Clin Nutr 2006 Apr;83(4):760-766.

(39) Josse AR, Kendall CW, Augustin LS, Ellis PR, Jenkins DJ. Almonds and postprandial glycemia--a dose-response study. Metabolism 2007 Mar;56(3):400-404.

(40) O'Keefe JH, Gheewala NM, O'Keefe JO. Dietary strategies for improving post-prandial glucose, lipids, inflammation, and cardiovascular health. J Am Coll Cardiol 2008 Jan 22;51(3):249-255.

(41) Fito M, de la Torre R, Covas MI. Olive oil and oxidative stress. Mol Nutr Food Res 2007 Oct;51(10):1215-1224.

(42) Jenkins DJ, Kendall CW, Josse AR, Salvatore S, Brighenti F, Augustin LS, et al. Almonds decrease postprandial glycemia, insulinemia, and oxidative damage in healthy individuals. J Nutr 2006 Dec;136(12):2987-2992.

(43) Park Y, Harris WS. Omega-3 fatty acid supplementation accelerates chylomicron triglyceride clearance. J Lipid Res 2003 Mar;44(3):455-463.

(44) O'Keefe JH, Bybee KA, Lavie CJ. Alcohol and cardiovascular health: the razor-sharp double-edged sword. J Am Coll Cardiol 2007 Sep 11;50(11):1009-1014.

(45) Ross SW, Brand JC, Thorburn AW, Truswell AS. Glycemic index of processed wheat products. Am J Clin Nutr 1987 Oct;46(4):631-635.

(46) Bornet FR, Cloarec D, Barry JL, Colonna P, Gouilloud S, Laval JD, et al. Pasta cooking time: influence on starch digestion and plasma glucose and insulin responses in healthy subjects. Am J Clin Nutr 1990 Mar;51(3):421-427.

(47) Moisey LL, Kacker S, Bickerton AC, Robinson LE, Graham TE. Caffeinated coffee consumption impairs blood glucose homeostasis in response to high and low glycemic index meals in healthy men. Am J Clin Nutr 2008 May;87(5):1254-1261.

www.ingramcontent.com/pod-product-compliance
Lightning Source LLC
Chambersburg PA
CBHW021853170526
45157CB00006B/2429